U0257416

图书在版编目（CIP）数据

我们的食物从哪里来 /（德）尤利娅·德于尔著、绘；胡浩译．—昆明：晨光出版社，2022.11（2023.3 重印）
ISBN 978-7-5715-1702-1

Ⅰ.①我… Ⅱ.①尤… ②胡… Ⅲ.①饮食－文化－世界－儿童读物 Ⅳ.① TS971.201-49

中国版本图书馆 CIP 数据核字（2022）第 200957 号

我们的食物从哪里来

WOMEN DE SHIWU CONG NALI LAI

〔德〕尤利娅·德于尔 / 著绘　　胡浩 / 译

出 版 人 杨旭恒

项目策划 禹田文化
执行策划 韩青宁
责任编辑 李　洁　常颖雯
项目编辑 徐馨如
装帧设计 尾　巴

出　　版 云南出版集团 晨光出版社
地　　址 昆明市环城西路609号新闻出版大楼
邮　　编 650034
发行电话 （010）88356856 88356858
印　　刷 北京顶佳世纪印刷有限公司
经　　销 各地新华书店
版　　次 2022年11月第1版
印　　次 2023年3月第2次印刷
I S B N 978-7-5715-1702-1
开　　本 240mm × 300mm 8开
印　　张 5
字　　数 53千字
定　　价 68.00元

我们的食物从哪里来

〔德〕尤利娅·德于尔 / 著绘　胡浩 / 译

云南出版集团　晨光出版社

目录

餐桌上的食物

无论我们吃得多、

吃得少，

吃肉、

吃蔬菜、

吃冰激凌，

我们都需要从

超市、

商店、

集市

或者农贸市场购买食物。

不过，这些地方的食物又来自哪里呢？

食物的来源多种多样，有些食物的获得要经过培育、种植和采摘，而有些食物的获得要经过喂养、捕捉和屠宰。牛奶是从牛身上挤出来的，鸡蛋是母鸡下的，面包是烤出来的，而这些食物生产后的分拣和包装也是必不可少的程序。

这一切工序都是在各种各样的工厂里进行的。

工厂有大型的，也有小型的，当然也有规模介于两者之间的。

以前，地球上还没有这么多人，许多机器尚未被发明出来，那时候工厂的规模一般都比较小。不过，现在一切都发生了翻天覆地的变化：地球上的人越来越多，电脑等机器取代了许多人力劳动，卡车和飞机能将冷藏的食物运输到很远的地方了。现在除了小型工厂，我们还可以看到许许多多的大型工厂。我们吃的食物大部分都是由这些大型工厂生产出来的。

那么，这些食物到底是怎么生产出来的呢？

牛奶

来自农场

牛奶

来自牛奶厂

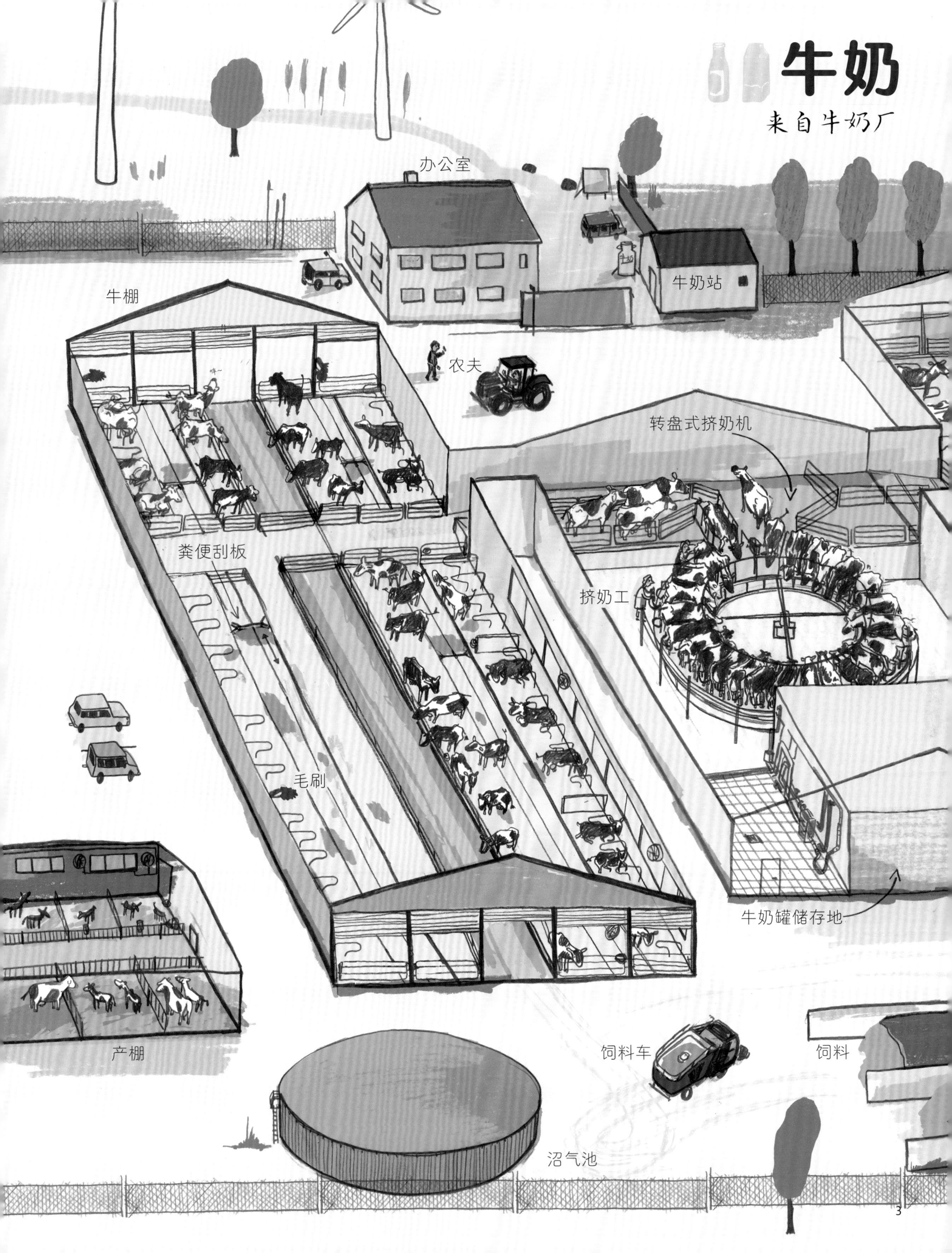

牛奶 农场

只有生产过牛犊，母牛才能产奶。

公牛使母牛受孕，受孕的母牛生下牛犊后，就可以产奶了。它们产的牛奶会先喂给牛犊，剩下的牛奶就可以挤出来啦。

夏天，母牛在草地上被放养。需要挤奶的时候，农夫就会把它们带去牛棚。

有的母牛既可以生产牛奶，也可以供人食用身上的肉。

一头母牛每天大约生产 20 升牛奶。

母牛的寿命大约是十年。

这里的母牛可以保留自己的牛角。

母牛每天可以被挤两次奶，早上和晚上各一次。

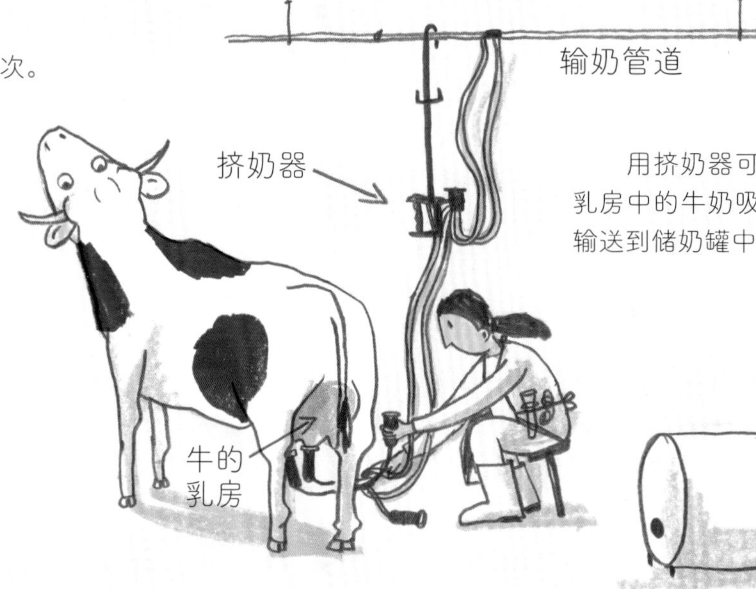

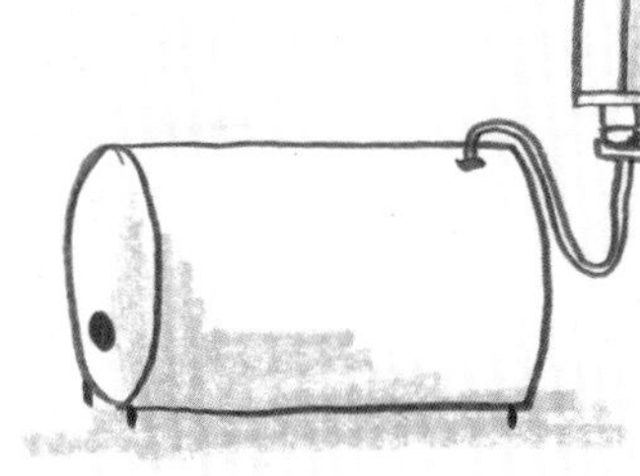

用挤奶器可以将母牛乳房中的牛奶吸出来，再输送到储奶罐中。

挤奶工首先要用木棉清洁牛的乳房，再检查牛奶的颜色是否正常、是否有结块等。如果检查的结果一切正常，挤奶工就会将挤奶器套在母牛的乳房上。

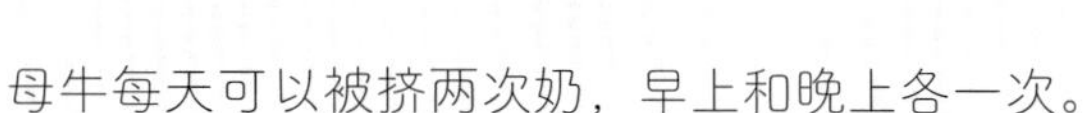

夏季，母牛直接吃外面草地上的青草，留在草地上的粪便不需要清理（可以用作肥料）。

冬季，母牛生活在牛棚中，主要吃草料，也就是干燥的草。留在牛棚内的粪便每天都需要清理。

人们可以在农场的自动牛奶售卖机上购买牛奶。

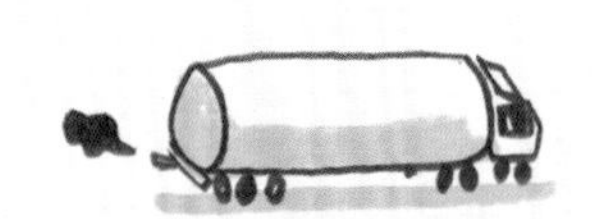

牛奶运输车来了！它从一个农场开到另一个农场，将每个农场的牛奶都运输到牛奶厂。在牛奶厂里，工人们对牛奶进行再次加工，包装好后运到超市出售。

牛奶厂 牛奶

牛奶厂里生活着很多母牛。

为了使母牛能够生产出更多的牛奶，牛奶厂会专门培育奶牛品种。

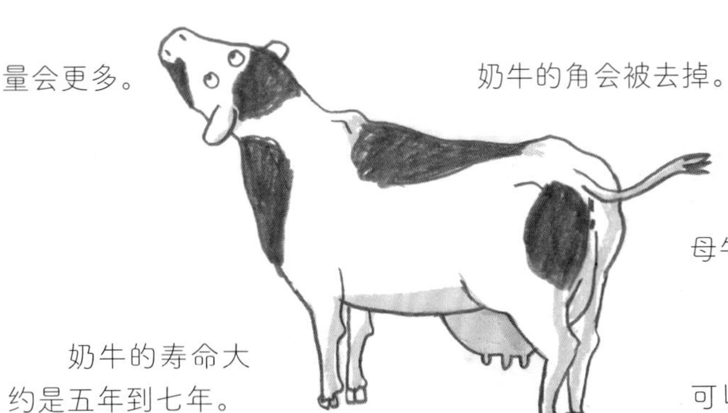

奶牛的产奶量会更多。

奶牛的角会被去掉。

奶牛的乳房比一般母牛的乳房要大。

奶牛的寿命大约是五年到七年。

一头奶牛每天大概可以生产 30 升牛奶。

奶牛也需要先受孕，生下牛犊后才能产奶。

转盘式挤奶机缓慢地旋转着。

每天，奶牛会两次走到挤奶棚里，站在转盘式挤奶机上被挤奶。

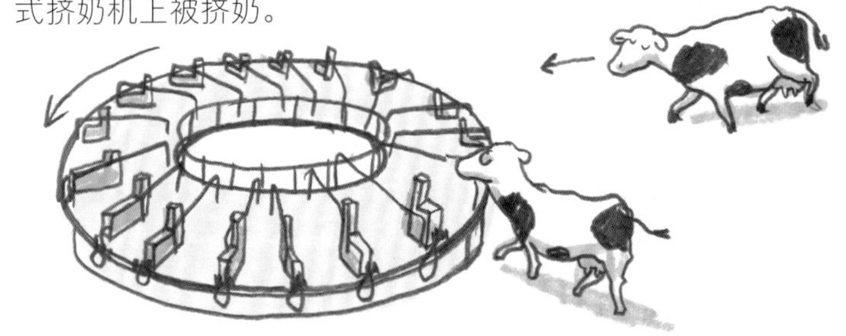

挤奶工将自动挤奶器连接在奶牛身上。

奶牛在转盘上旋转一圈，就完成了挤奶。

等待被挤奶的时候，奶牛就待在牛棚里吃草、睡觉，当然也会排泄粪便。

每一个牛棚里都有自动刷毛器。

饲料车

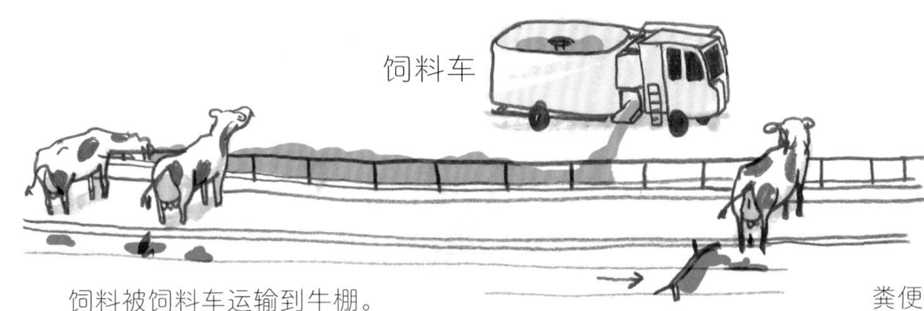

奶牛很喜欢被刷毛，心情愉悦的奶牛不仅不容易生病，还会产出更多的牛奶。

饲料被饲料车运输到牛棚。

粪便刮板用来清理粪便。

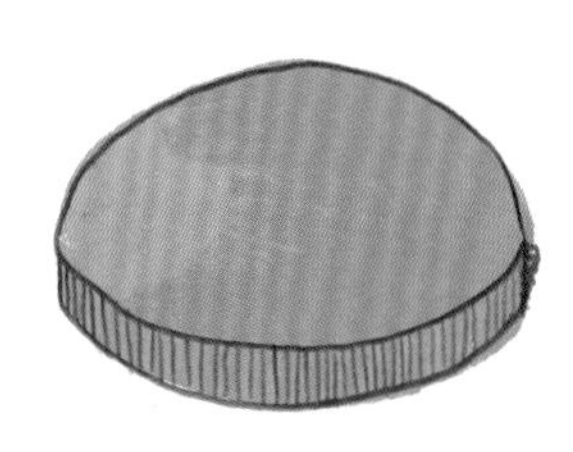

牛的粪便会在沼气池中转化为肥料，供农场使用。

牛奶厂生产出来的牛奶经过加工及包装后，会被牛奶运输车运送到超市出售。

面包

来自烘焙坊

超市
Supermarkt
烘焙坊
创建于
1919年
烘焙间
运送面粉
面粉
仓库
发酵柜
烤箱
配料
面包
整形机
揉面机
男面
包师
女面包师
秤
压面机
烘焙坊
商店

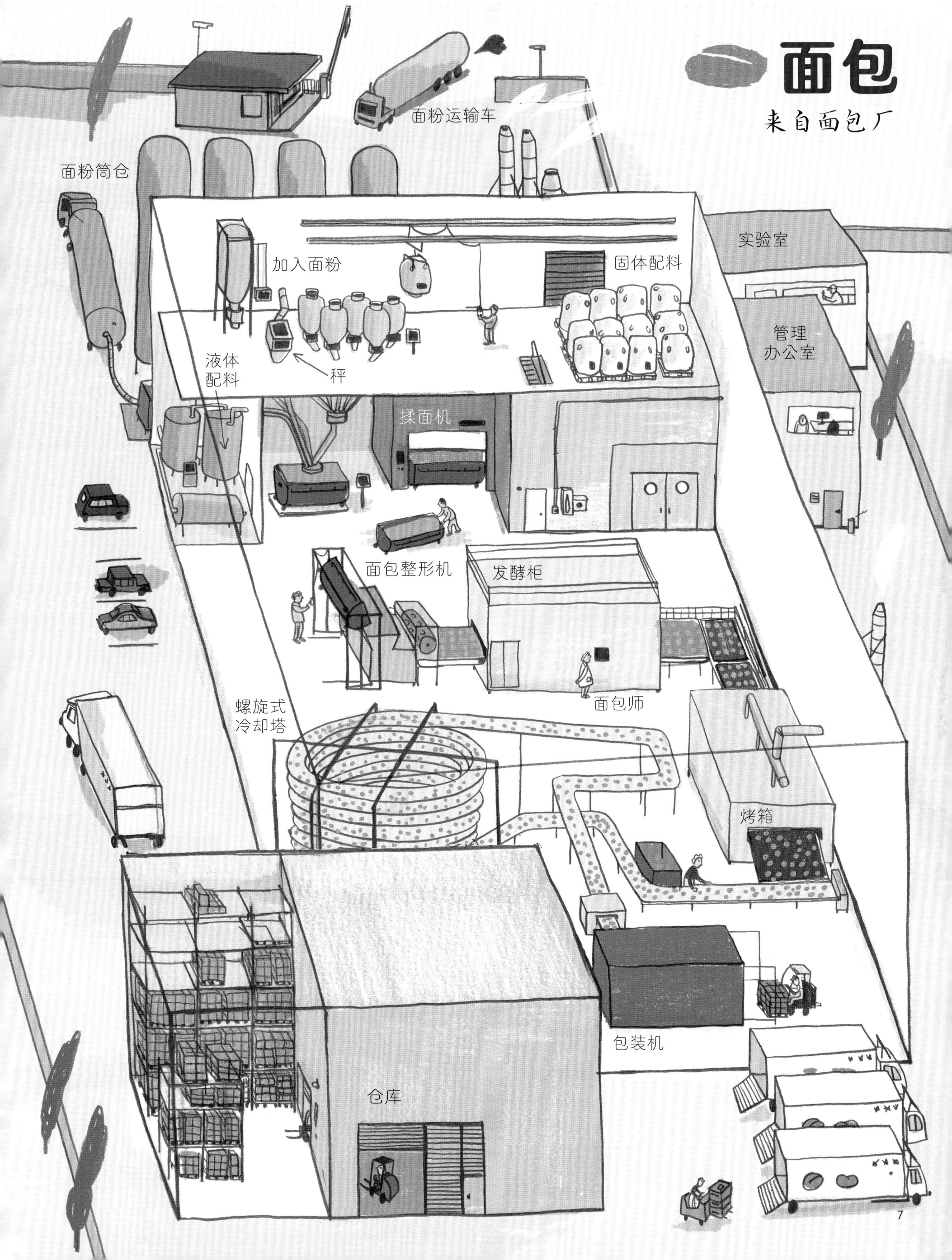
面包
来自面包厂
面粉运输车
面粉筒仓
实验室
加入面粉
固体配料
管理
办公室
液体
配料
秤
揉面机
面包整形机
发酵柜
面包师
螺旋式
冷却塔
烤箱
包装机
仓库

面包 烘焙坊

在烘焙坊里，面包师常常在晚上烘焙面包。

做面包需要的基本原料有：面粉、水、酵母和盐。

白天，货车将制作面包的原料运送到烘焙坊。

揉面机自动将面粉揉成面团。

面包师将面团按重量均分成小块。

每天晚上，面包师会在烘焙坊里制作各种大小、形状不同的面包和饼干。

用压面机压制出来的面饼可以用来制作牛角包。

面包整形机可以将面团整理成各种形状的面包。

在烤制之前，面团要放入温暖的发酵柜中进行发酵。经过发酵，面包会变得蓬松。

温度很高的烤箱是烤制面包的地方。

烤制完成后，将面包从烤箱中取出来放凉。

做好的面包被搬运到面包店里，摆在面包烤盘和架子上。

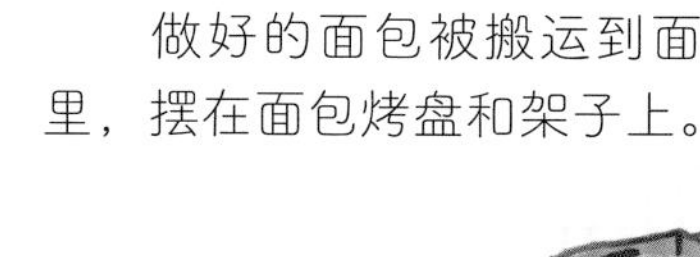

面包店开门啦！货架上摆满了各式各样的大面包、小面包和饼干……

一起去买面包吧！走着去、骑车去、开车去，都可以！

面包厂 面包

在面包厂里，面包一般在白天进行烘焙。

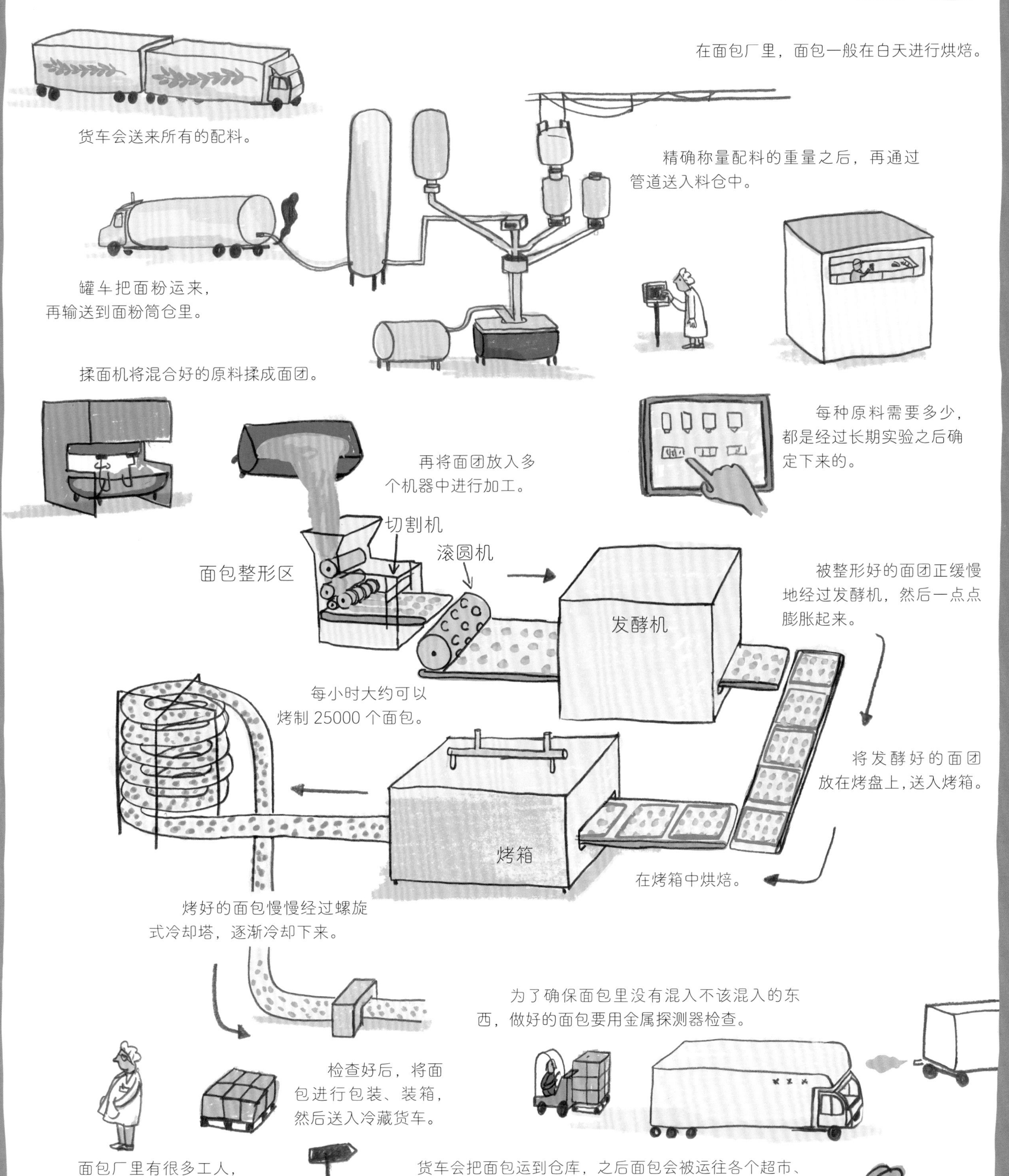

货车会送来所有的配料。

罐车把面粉运来，
再输送到面粉筒仓里。

精确称量配料的重量之后，再通过管道送入料仓中。

每种原料需要多少，都是经过长期实验之后确定下来的。

揉面机将混合好的原料揉成面团。

再将面团放入多个机器中进行加工。

被整形好的面团正缓慢地经过发酵机，然后一点点膨胀起来。

将发酵好的面团放在烤盘上，送入烤箱。

在烤箱中烘焙。

每小时大约可以烤制 25000 个面包。

烤好的面包慢慢经过螺旋式冷却塔，逐渐冷却下来。

为了确保面包里没有混入不该混入的东西，做好的面包要用金属探测器检查。

检查好后，将面包进行包装、装箱，然后送入冷藏货车。

面包厂里有很多工人，
其中包含很多面包师。

货车会把面包运到仓库，之后面包会被运往各个超市、商店等。

鱼

来自渔船捕获

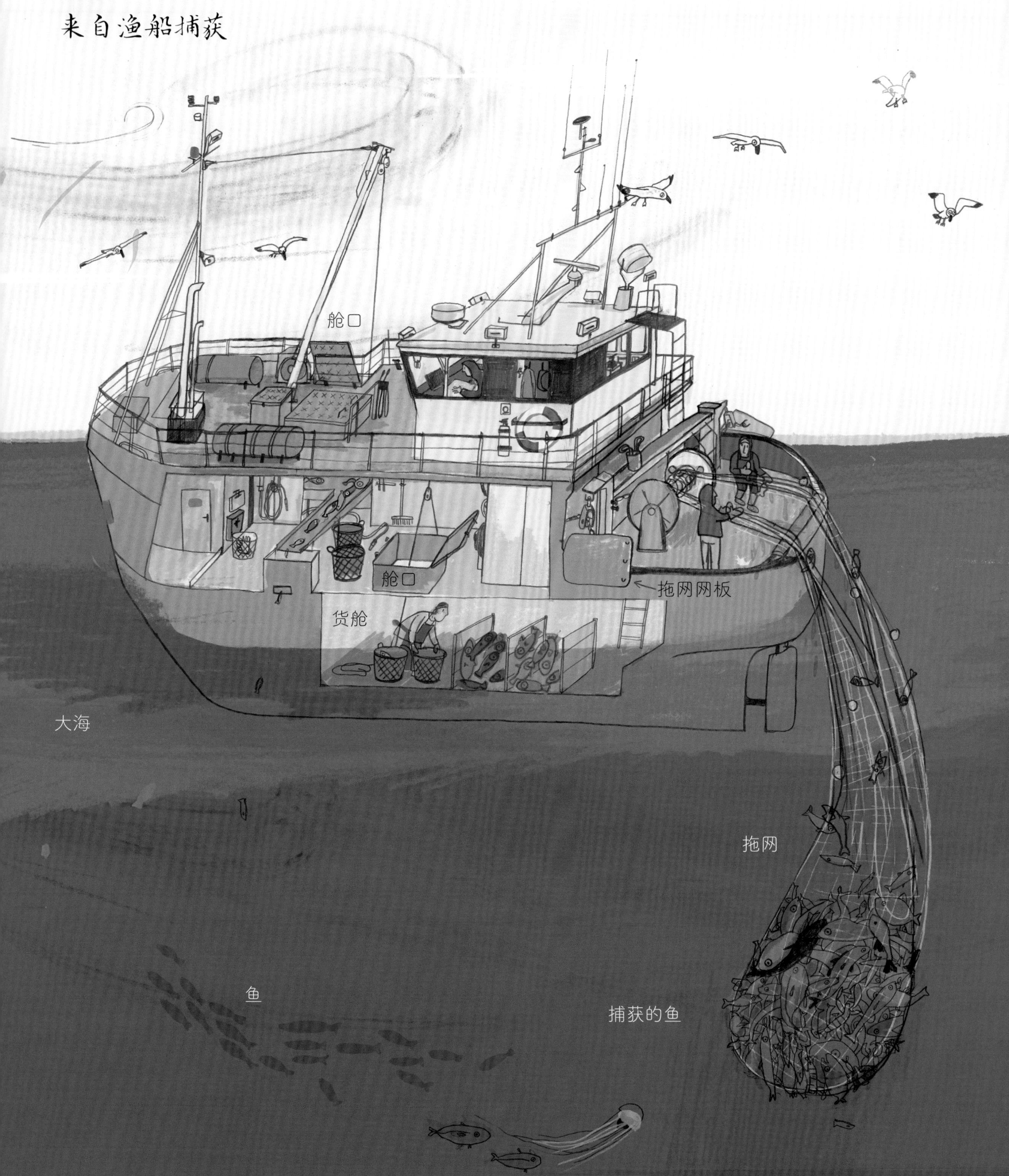

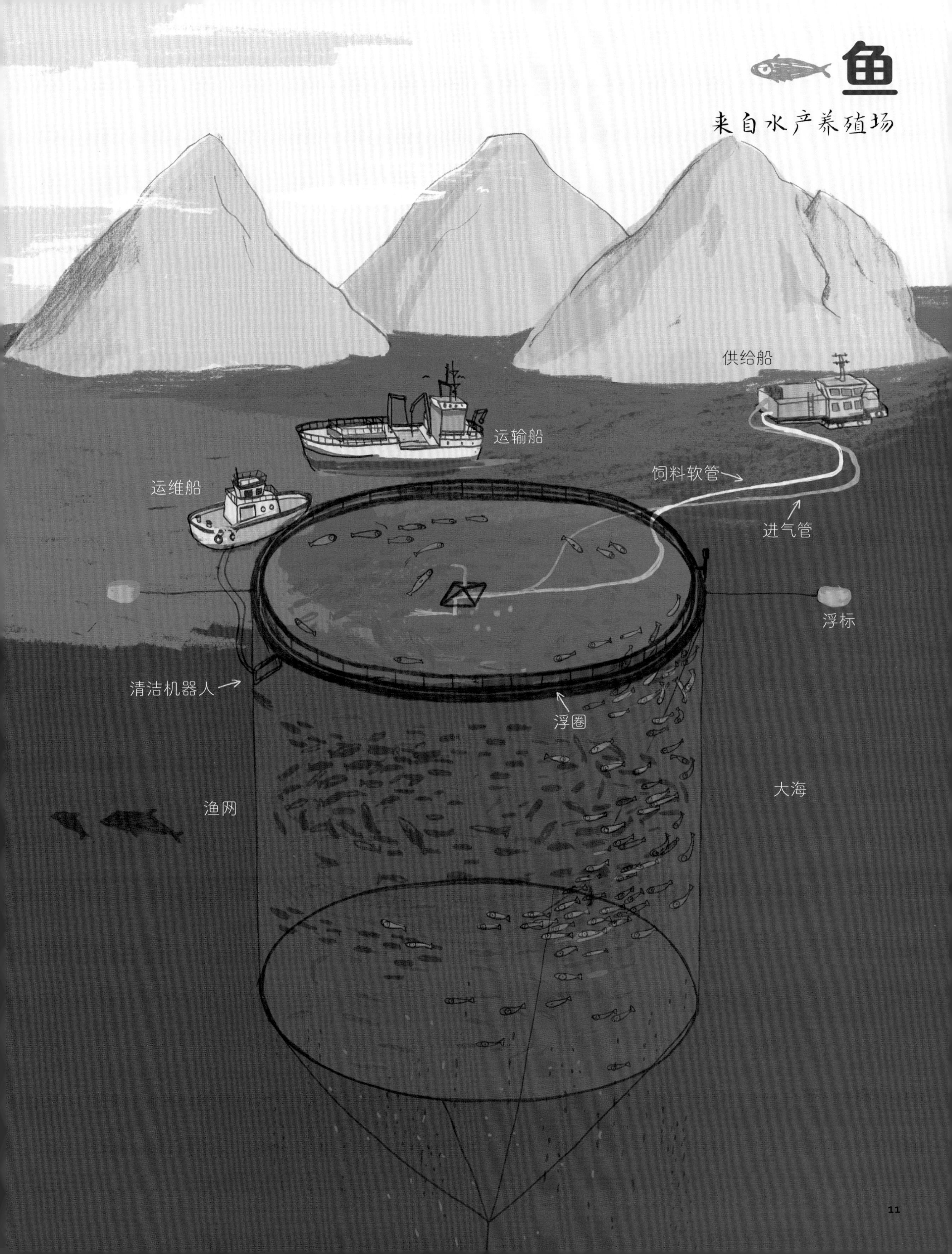
鱼
来自水产养殖场
供给船
运输船
运维船
饲料软管
进气管
浮标
清洁机器人
浮圈
大海
渔网

鱼 渔船捕获

鱼在海洋里产卵。

小小的鱼卵会慢慢长成大鱼。

我们日常吃的鱼大多都已经好几岁了，它们也已经吃过不少鱼虾了。因为鱼只有不断捕食才能长大。

捕鱼要用到渔网。一艘小型渔船的渔网大约有 6 架客机首尾连接在一起那么长（大约 6×60 米 =360 米）。

如果是一艘远洋拖网渔船，那渔网就更长了，大约有 25 架客机首尾连接在一起那么长（大约 25×60 米 =1500 米）。

拖网网板能够使渔网在水下保持张开的状态。

渔网可以捕到很多可以吃的鱼，当然也会捕到许多不能吃的动物，这些动物被称为“副渔获物”。副渔获物往往会在捕捞后被扔回海里。

一定量的鱼进入渔网后，渔夫们就会把网收起来拖到船上。

将网拖到船舱口后，渔夫们把渔网打开。

渔夫们将捕获的鱼分好类，贮存在甲板下面。

体形太小的鱼会从渔网中漏出去，留在海洋里继续生长。

海上的天气变幻莫测，捕鱼的过程可能会持续很长时间，直到捕到足够的鱼。所以，渔夫们并不是只在天气很好的时候才出门捕鱼。

渔船返航靠岸后，捕获的鱼有的会被直接出售给当地的顾客。

还有的鱼被装上了运输车。大车载着满满的一车鱼远销各地。

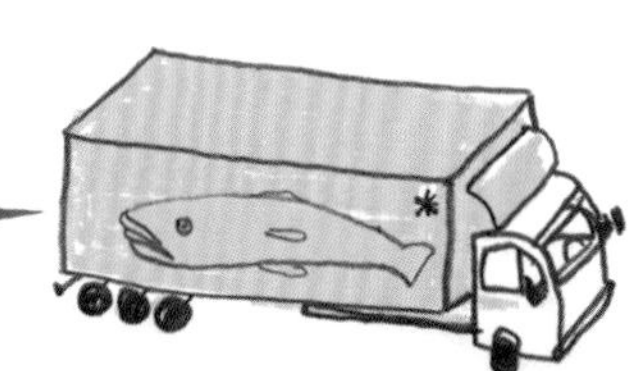

养殖场的鱼是在水池里出生的。为了保证它们今后不生病，小鱼都需要打疫苗。

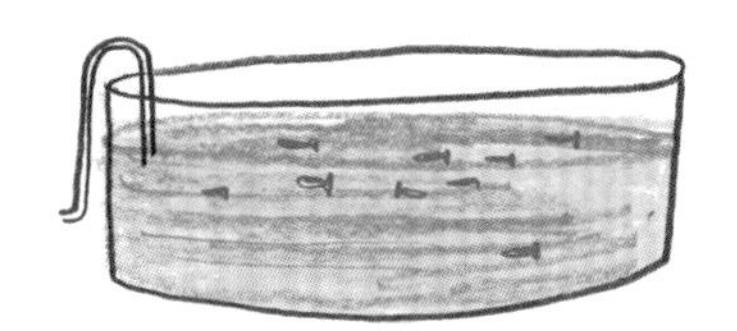

与生活在海洋中的同类相比，养殖场的鱼长得更快，体形更大，当然也游得更慢。

等到鱼苗长得足够大，就会被转移到海中的养殖场里。

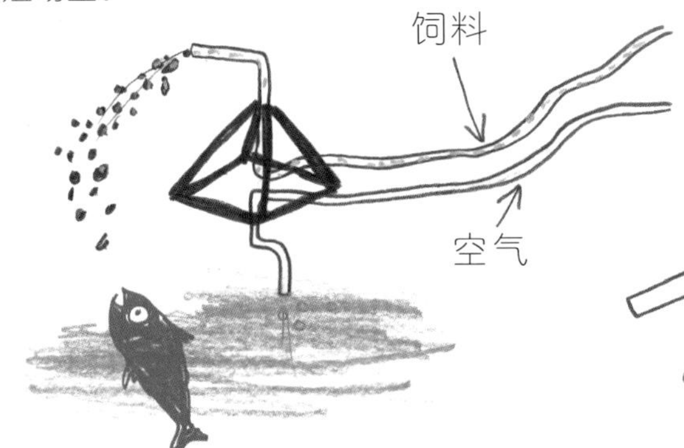

为了保证小鱼能够在养殖场中顺利长大，人们需要为它们提供很多东西，因为它们不能像在海洋中生长的同类那样“自力更生”。

鱼类经常会长鱼虱。鱼虱可不是什么好东西，它们会在鱼的表皮上撕咬出小洞。因此人们往往还会同时在养殖场里养殖另一种可以吃鱼虱的鱼。

它们需要借助机器来获得饲料和空气。

鱼在长大变重的过程中，要吃掉很多小鱼。

大鱼每吃掉四公斤的小鱼，大约可以增加一公斤的体重。

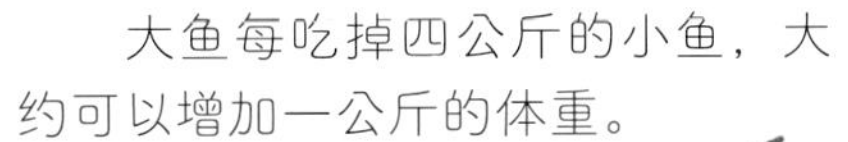

喂鱼的开销是很大的，所以，现在人们在尝试用素食喂鱼。

通过摄像头和电脑，人们可以观察鱼的状态。

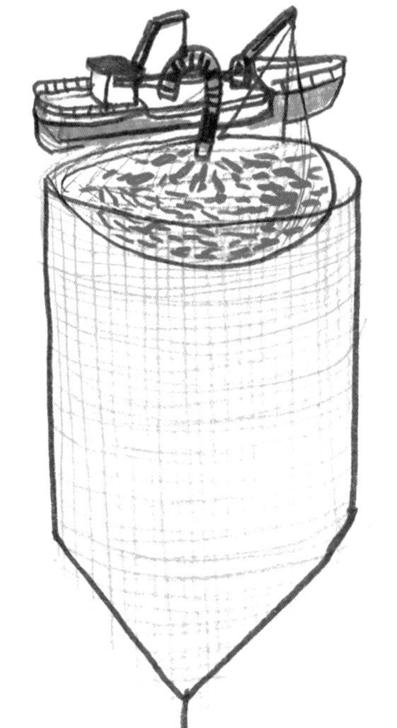

等到鱼长到足够大的时候，就会有船只将它们运走。

船只会定期载着清洁机器人过来清洁养殖厂周围的鱼网。

工人们用长长的管子将鱼吸起来，之后，这些活蹦乱跳的鱼会落在甲板上，然后被运往海港。

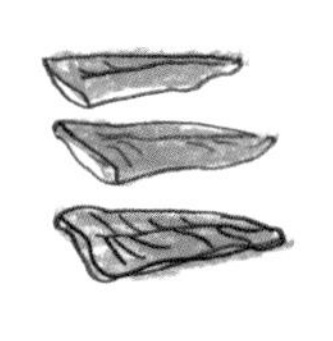

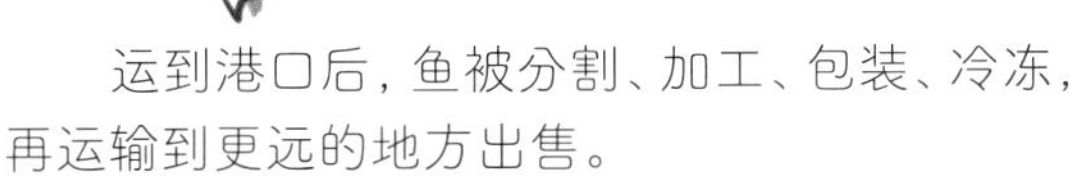

运到港口后，鱼被分割、加工、包装、冷冻，再运输到更远的地方出售。

货车将一箱箱鱼运往超市，供人们购买。

猪肉 来自农场

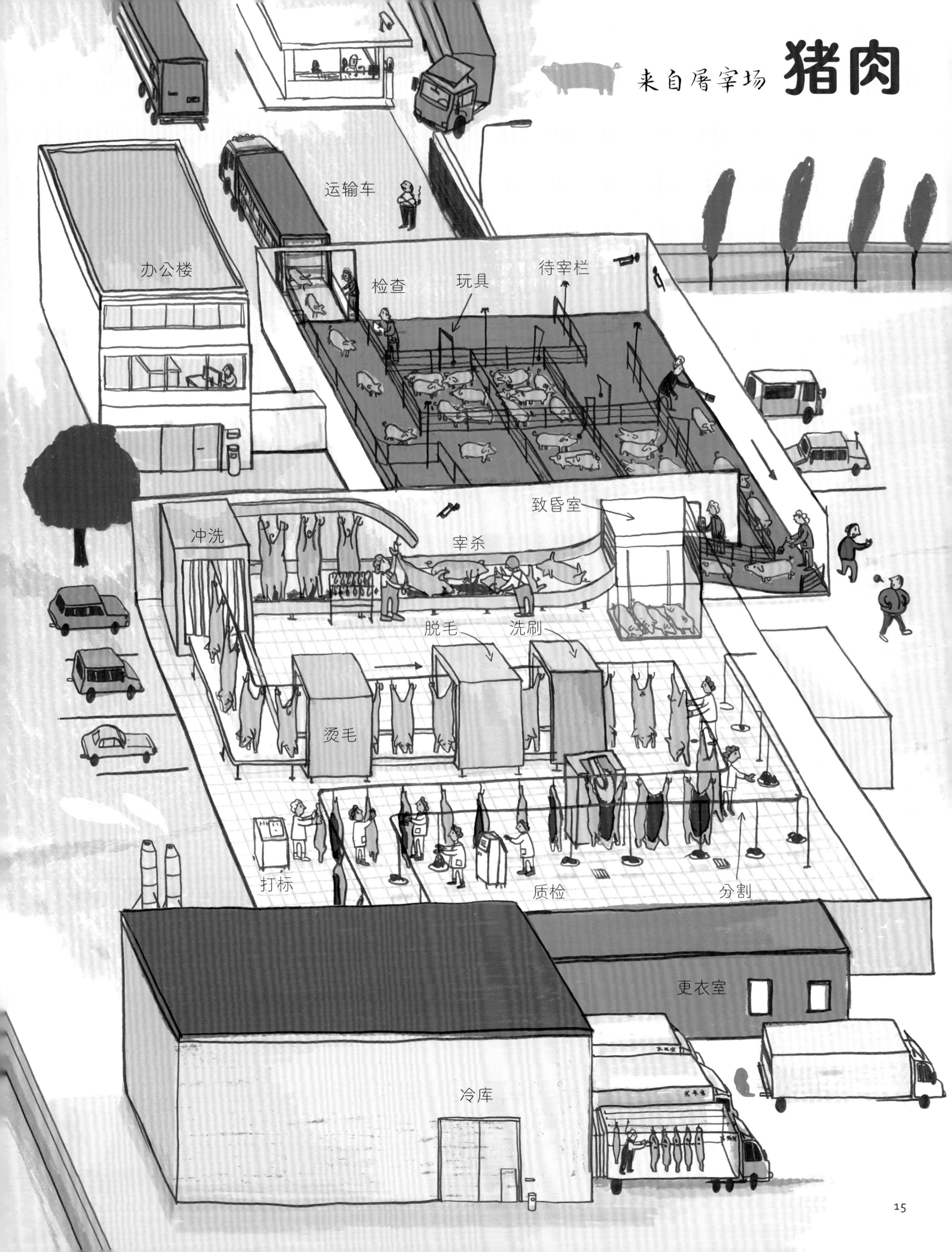

来自屠宰场 猪肉
运输车
办公楼
检查
玩具
待宰栏
致昏室
冲洗
宰杀
脱毛
洗刷
烫毛
打标
质检
分割
更衣室
冷库

猪肉 农场

无论是做香肠、煎肉排，还是烤肉，都需要宰杀动物，比如宰杀猪。

猪需要饲养。

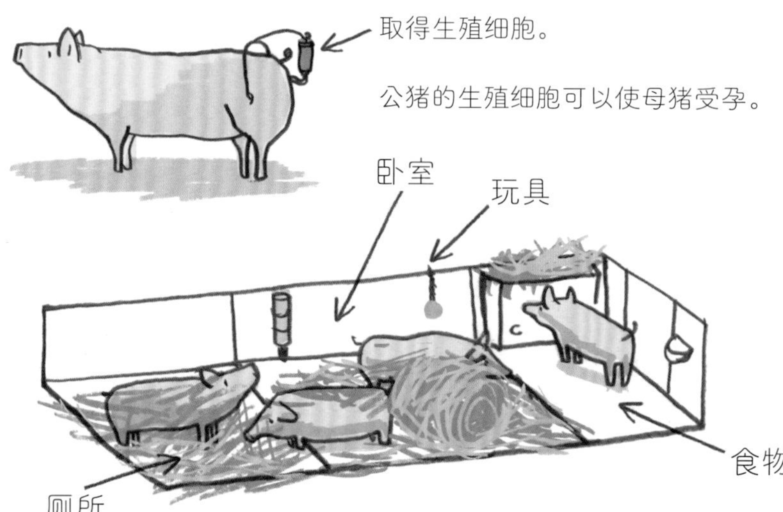

公猪的生殖细胞可以使母猪受孕。

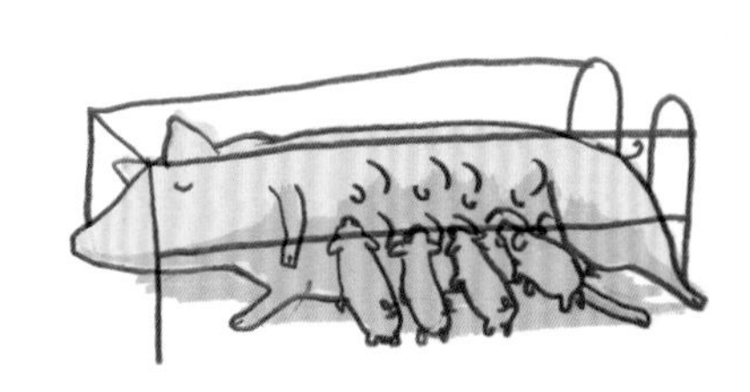

等生下来的小猪长到 5 周大、体重 30~40 公斤时，便会被送进育肥栏。

猪圈里有一块特定的区域是专门供猪排便的。猪圈中央是猪睡觉的地方，旁边放着饲料和水。

猪是非常爱干净的动物，整洁的生活环境会让它们感到舒适。

猪的食物是新鲜青草、干草料以及碾碎的谷物，而秸秆是用来玩和铺着睡觉的。

等猪长到足够大，它们就会被分批运送到屠宰场。如果农场具备宰杀条件，就可以省掉运输这一步。

给电击杆通电，并放在猪的头部，电流就会经过猪的身体，将其电晕。

在宰杀之前，需要先使猪昏迷。

杀猪的过程很快：将猪的颈部刺穿，让其血液流出，沥血一段时间，猪便死亡了。

经过开水烫毛，猪的大部分毛都会被去除掉。

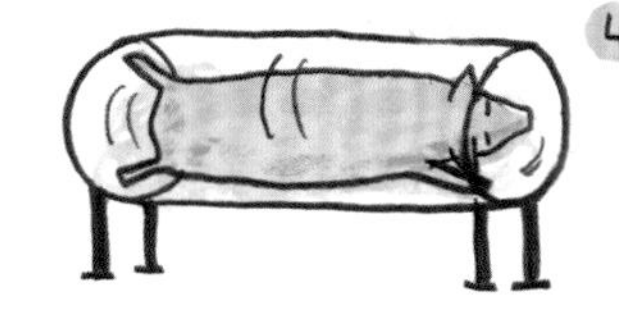

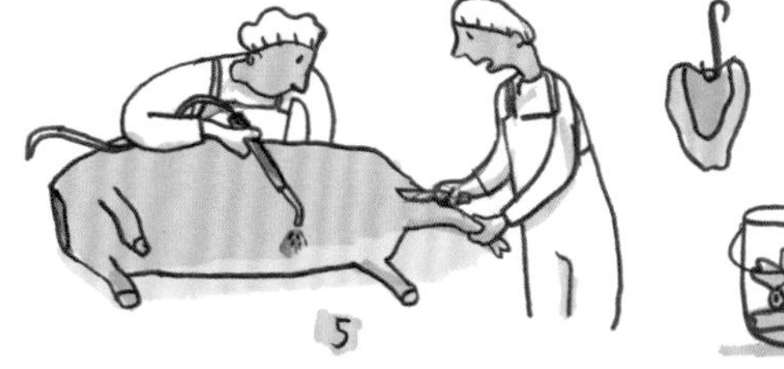

猪的身体会被切开，取出的内脏可用于制作香肠。

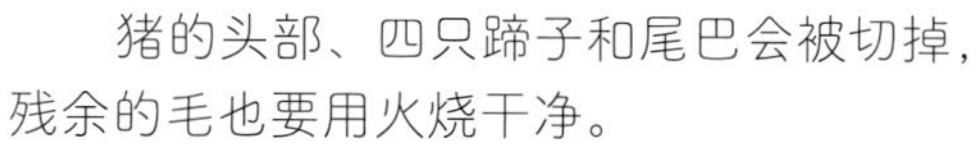

猪的头部、四只蹄子和尾巴会被切掉，残余的毛也要用火烧干净。

猪的身体被分割成块。

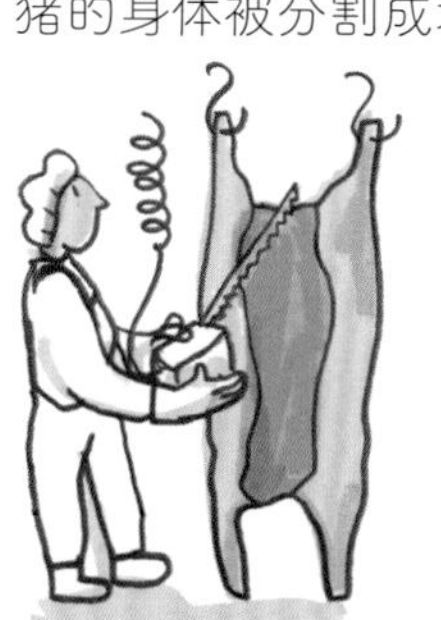

兽医会对猪肉和内脏进行检查，健康的猪肉和内脏将被送到肉铺。

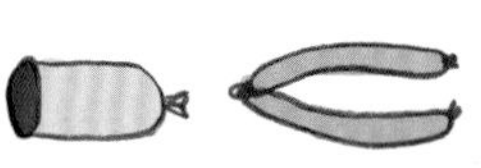

在肉铺中，猪肉会被进一步加工。

加工好的猪肉和香肠在肉铺出售。

屠宰场 猪肉

在屠宰场，被宰杀的猪来自各种不同的养殖场。

当猪长到足够大的时候，就会被卡车送进屠宰场。

每头猪的耳朵上都有一个标记，通过这个标记，人们可以分辨猪来自哪里。

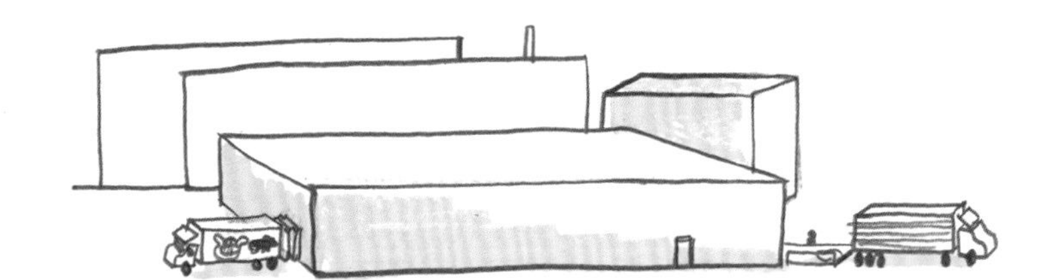

到达屠宰场后，猪会被送进待宰栏。待宰栏里的水、玩具和音乐有助于猪平稳情绪。

待宰的猪会分批经过许多机器。输送机将活猪送入二氧化碳池中，让其昏迷。

猪昏迷后，颈部会被刺穿放血，直到其死亡。

在德国，每天大约有 16 万头猪会被宰杀。

猪的肚子会被剖开，内脏被取出。猪的头部和身体会被分割。

死亡后，猪会经过清洗和去毛的过程。

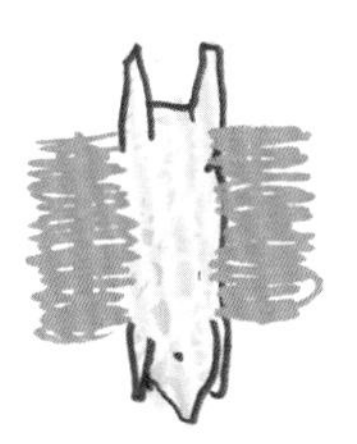

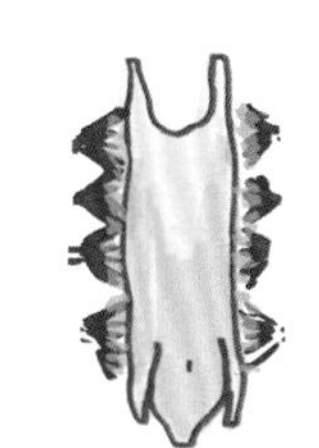

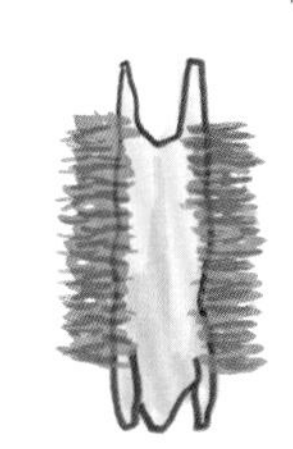

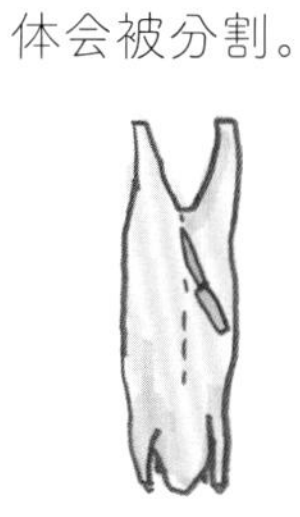

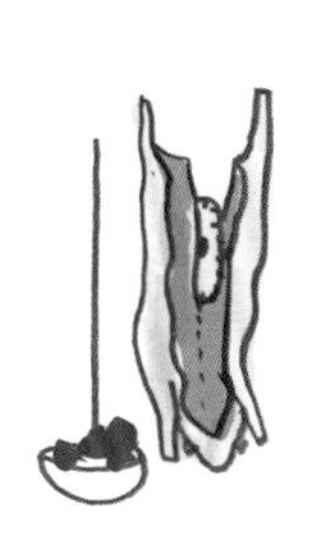

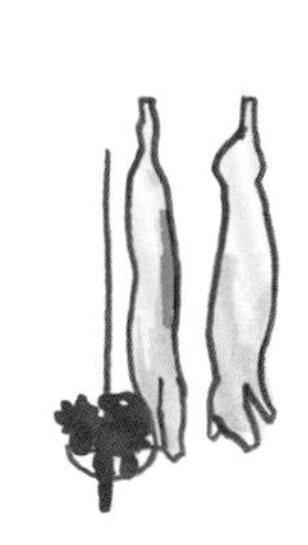

取出的内脏要被放入规定容器中进行检查，以鉴别是否健康。

经过切割的猪肉和内脏有些会直接出售，有些被送进下一个工厂进行进一步加工。

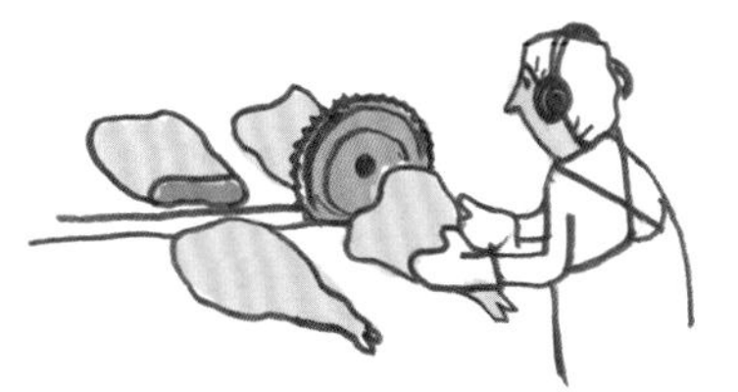

猪蹄、猪嘴……

猪肉被包装好，送到超市里出售。人们将猪肉买回家，就可以将猪肉煎烤烹炸，享受美味啦。

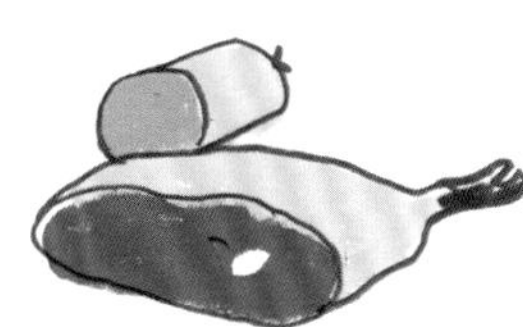

苹果

来自小型草地果园

苹果

来自大型苹果种植园

苹果 小型草地果园

春天，苹果树开满了美丽的小花。

蜜蜂给苹果花授粉后，凋谢的花朵会渐渐长成一颗苹果。

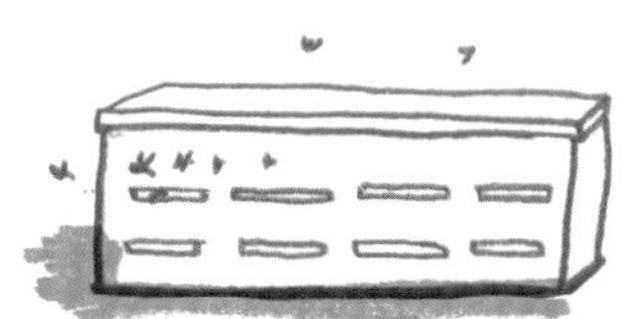

草地果园里生长的苹果树往往树龄不同、品种不同，结的苹果也不多。

果树还没开花的时候，蜜蜂就在园内其他花丛中飞舞采蜜。

果园除了种植果树，也是很多小动物的家。这些动物中有的是有害的，有的是有益的。

如果苹果树接受的光照充足，结出的苹果就会很甜。

果园里所有的苹果都是人工用手采摘的。

高大的苹果树长得枝叶繁盛，而茂密的枝叶不仅可以保护苹果免受冰雹侵害，还可以避免其被晒伤。不过，树叶太多也会降低苹果采摘的效率。

钻进苹果里的小虫子是害虫，人们可不想看到它们。

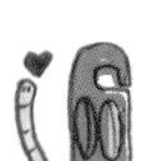

人们会利用芳香剂来引诱害虫进入捕虫器。

羊

羊会被牵到草地上吃草，留下的粪便可以成为土地的肥料。

同时，人们也会利用益虫来消灭害虫。益虫对害虫进行捕食或寄生，从而使害虫的数量越来越少。

苹果很容易被碰坏（就像鸡蛋一样），因此采摘时必须非常小心。

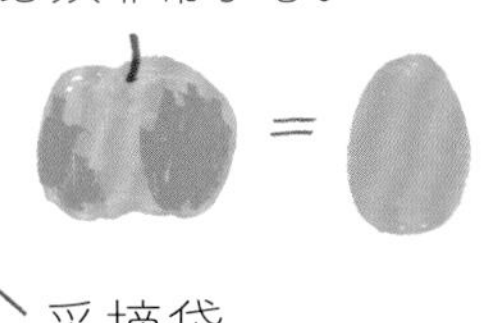

采摘袋

采摘工人需要把采摘袋里的苹果温柔地倒进箱子里，这样苹果表面才不会留下碰撞挤压的痕迹。

蚯蚓对土壤有很大益处，是果农们很喜欢的小动物。

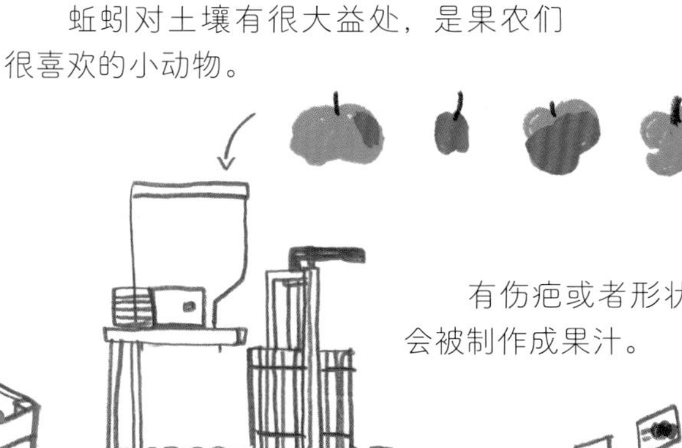

有伤疤或者形状怪异的苹果会被制作成果汁。

装满苹果的箱子会被放进冷藏仓库中。冷藏可以使苹果保持新鲜，这样我们一年四季都能吃到苹果啦。

苹果和苹果汁会在农产品商店和集市上出售。

大型苹果种植园 苹果

因为苹果种植园的苹果树开花的时间很短，往往会在短时间内需要很多蜜蜂，所以会提前预定蜜蜂。

提前预定好的蜜蜂给一个果园的果树授粉之后，就会被运到另一个果园，继续为那里开花的果树授粉。

为了使苹果长得又多又好，人们要做很多准备。

为了让每个苹果都能有足够的空间长大，还得为苹果树疏花（人为去掉部分花朵）。

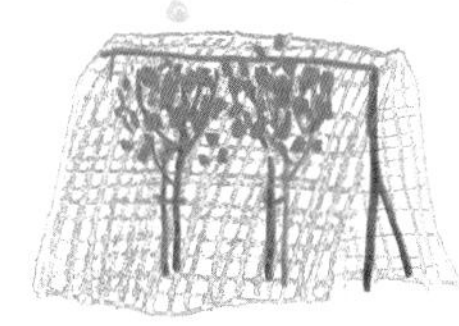

比如准备可以帮苹果树抵御冰雹侵袭的防冰雹网。

为了预防害虫，使苹果更好地生长，需要给果树喷洒农药。

给苹果花上喷水可以防止霜冻。

也可以使用芳香剂。

修剪树形，使叶子能够为苹果遮挡部分阳光，防止苹果被晒伤。

投放益虫，比如寄生蜂等。

即使是在大型苹果种植园，苹果也需要人工采摘。

苹果种植园的苹果树一般都比较矮，因此苹果采摘起来比较方便快捷。

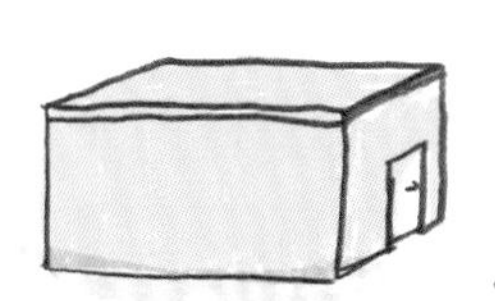

采摘苹果时，苹果种植园会需要很多工人。因此到了苹果采摘季，苹果种植园就会雇佣很多“季节性工人”。

采摘好的苹果被装进箱子，之后被运往苹果分拣处。

摄像头和电脑可以用来监控苹果生长情况，及时发现问题。

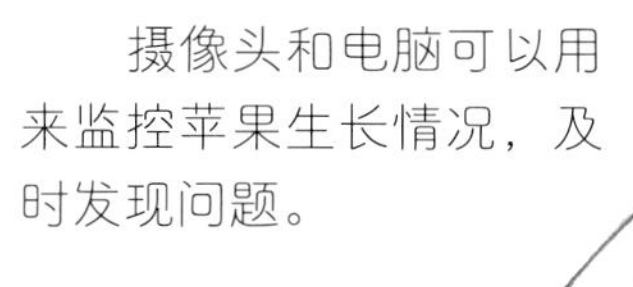

超市一般只接收卖相好的苹果。

苹果分拣机按照苹果的大小将苹果分类。

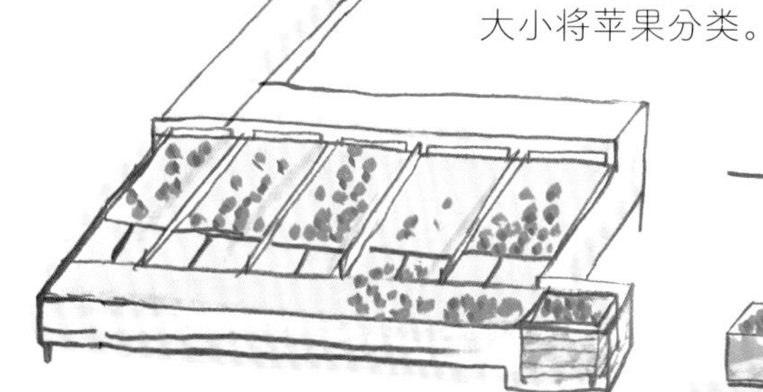

分拣完成后，货车会把苹果运到超市直接出售，或者运送到加工厂，用来加工成苹果汁、苹果慕斯等等。

鸡蛋

来自农场

粮田
果树
农舍
蔬菜
商店
农产品商店
鹅
屠宰间
饲料筒仓
通风口
水
饲料
猪圈
粪便
鸡舍
产蛋巢
自动投食机
暖房
鸡蛋分拣机
农夫

鸡蛋

来自蛋鸡养殖场

狐狸
鸡舍
产蛋巢
蛋鸡
临时庇护所
暖房
自动投食机
清粪带
仓库
粪便
淋浴房
鸡蛋传送带
鸡蛋分拣器
饲料筒仓
更衣室
鸡蛋
鸡蛋运输车
饲料运输车

鸡蛋 农场

母鸡会下蛋。公鸡使母鸡受孕之后，母鸡产下蛋并将其孵化成小鸡。

关于鸡蛋的颜色，有人认为：白色的母鸡产白色的蛋，棕色的母鸡产棕色的蛋。

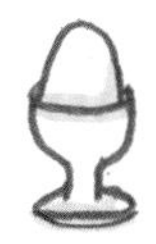

不过，就算没有公鸡参与，母鸡也可以产蛋。

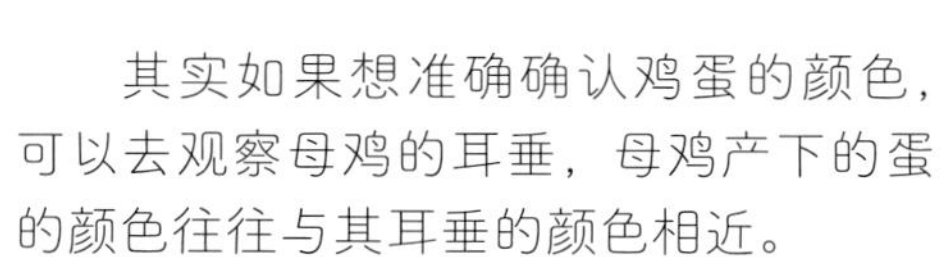

其实如果想准确确认鸡蛋的颜色，可以去观察母鸡的耳垂，母鸡产下的蛋的颜色往往与其耳垂的颜色相近。

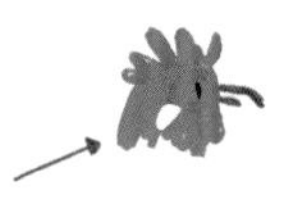

小母鸡被运输车送入农场后，经过一段时间，长成了大点儿的母鸡，便开始每天产蛋了。

蛋鸡

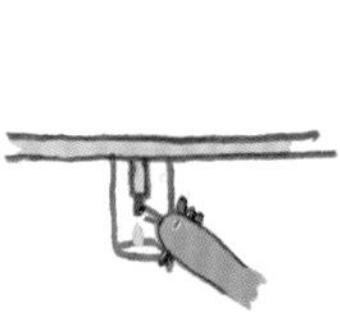

自动投食机可以为母鸡提供饲料和水。

有规律地使用鸡舍内的灯光可以使母鸡产蛋形成规律。光照的强度和时间长短都对母鸡的产蛋情况有很大影响。

睡觉前，母鸡会飞到它们能飞到的最高的地方。如果在大自然中，母鸡可能会飞到树上睡觉。

棕色鸡蛋

只有在感觉安全的地方，母鸡才会产蛋。

而在鸡舍中，母鸡一般会飞到栖息架上休息。

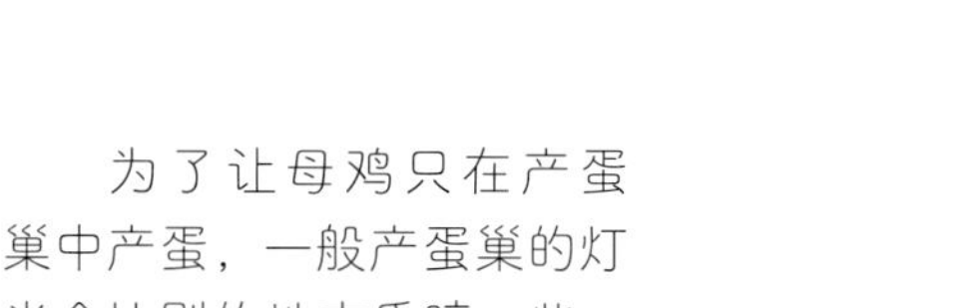

为了让母鸡只在产蛋巢中产蛋，一般产蛋巢的灯光会比别的地方昏暗一些。

母鸡的粪便会掉落在栖息架下面，方便集中打扫，这样鸡舍就能很容易保持干净了。

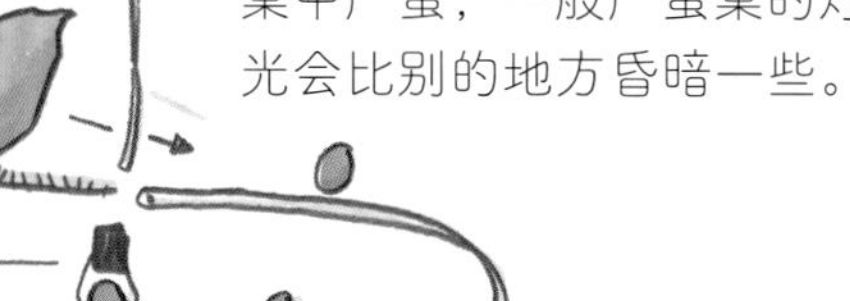

超大 大 大 中 小

传送带会把鸡蛋送进分拣机中。

在暖房里的土地上，母鸡可以洗沙浴、刨土玩儿。

等母鸡长到约 13 个月大的时候，产蛋量会开始下降。

鸡蛋有盒装及散装两种包装方式。

母鸡需要换羽毛，在换羽期间，母鸡所有的羽毛都会掉光，而且也不再产蛋。因此往往在换羽之前，这些母鸡就会被宰杀出售。

农产品商店每天都会出售新鲜的鸡蛋。

之后，一批新的小母鸡又被送进农场。

鸡蛋

蛋鸡养殖场

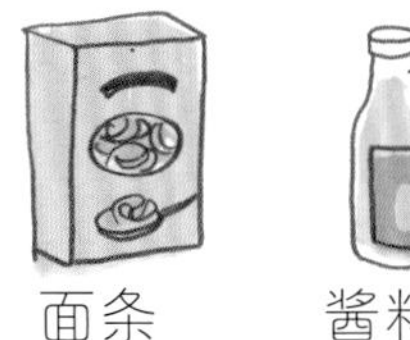

许多食物的加工都需要用到鸡蛋，比如面条、酱料、饼干、蛋糕等。因此，我们需要很多母鸡来产蛋。

和在农场一样，运输车将小母鸡运送到蛋鸡养殖场。

小母鸡先在幼鸡培育点逐渐长大，等差不多 4 个月大时，就会被送进养殖场。

母鸡才会被送进养殖场，因为只有母鸡才能产蛋。而将来会孵化出公鸡的蛋，在孵化点就会被挑出来，或者等其孵化成小鸡后再挑出宰杀出售。

蛋鸡有很多种养殖方式：比如在鸡笼中养殖（现在已经比较少见了），在封闭的鸡舍中养殖，和在带有室外活动场地的鸡舍中养殖。

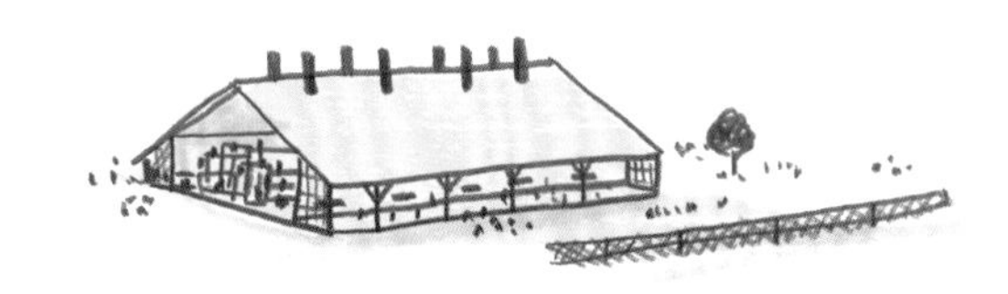

有机养殖：

进行有机养殖的鸡舍，活动空间会更大一些，蛋鸡的室外活动时间也更多，它们食用的饲料一般是本地产的有机饲料。

大型蛋鸡养殖场的养殖规模很大，甚至可以达到两百万只的养殖规模，每只蛋鸡每天至少会产一枚蛋。

如果有一只母鸡生病了，那其余所有的母鸡都需要服药，预防生病。

进入鸡舍的人必须穿着防护服。

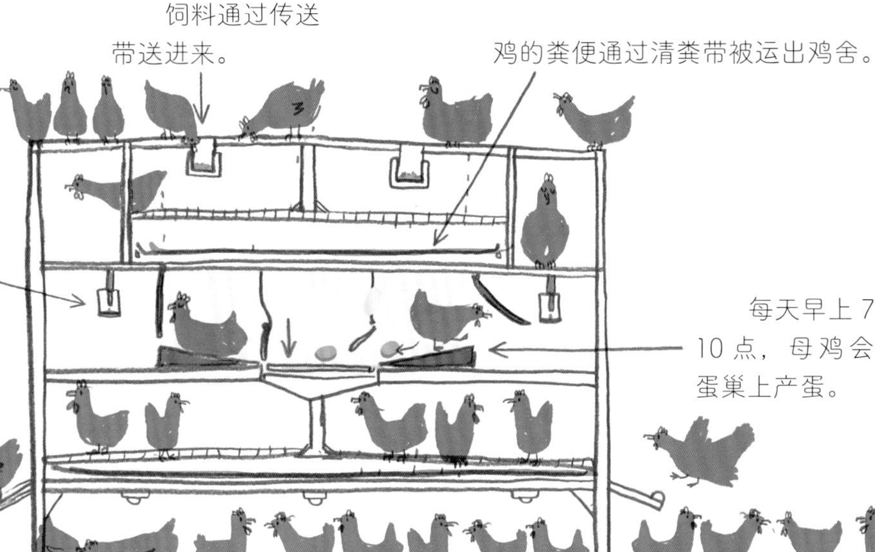

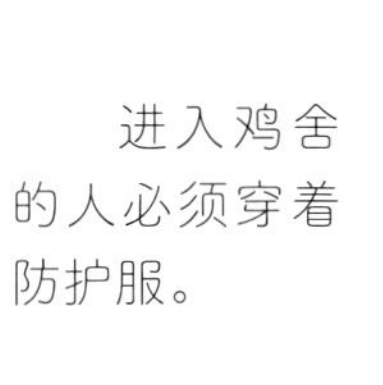

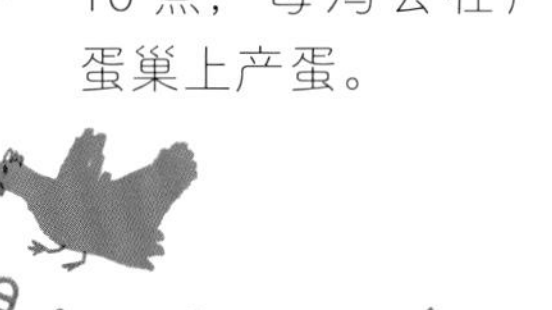

传送带将鸡蛋传送到分拣机，之后，每枚鸡蛋都会被印上一个编码。

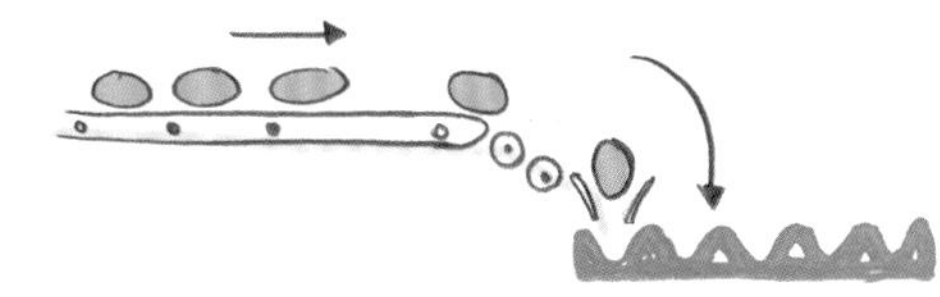

货车会将鸡蛋拉走，分盒包装后，运送到超市出售。

蛋鸡长到约 13 个月大时，会被带走宰杀并出售。这种鸡肉多用于炖汤，部分鸡肉会用于加工鸡汁或者动物饲料。

番茄 来自菜园

鸡舍
堆肥
商店
仓库
薄膜大棚
蔬菜
番茄挂钩
番茄牵引线
收获的番茄
在番茄根部铺上稻草可以防止野草生长。
蜜蜂
灌溉系统

来自温室大棚 番茄
番茄苗
管理员
采暖
系统
熊蜂
升降机
温室大棚
灌溉系统
办公室
消毒室
肥料
包装
番茄
番茄运输车

番茄 菜园

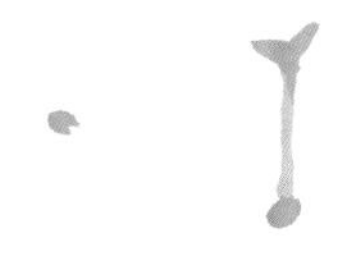

一粒番茄籽可以长成一棵番茄苗。

番茄苗开花。

番茄是一种自花授粉植物，即只需昆虫或风轻轻拂动花朵，花朵就可以完成授粉。

授粉完成后，花才会结出果实。

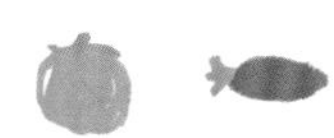

番茄有很多品种。

不过，所有品种的生长都需要充足的光照、温暖的生长环境和足量的水。

在比较寒冷的地方，菜农需要格外细致地照顾番茄苗，这样才能让番茄很好地生长。

每年三月份左右，番茄苗在温暖的环境中破土而出。

当番茄苗长到约 15 厘米高时，会被移植到另一片土地上——可能被移植到薄膜大棚中，或者玻璃大棚里。

高质量的土壤对番茄的生长非常重要，所以，一般在秋季就要开始准备种植番茄的土壤了。

2~3 米高

在番茄生长的土壤中，常常需要拌入混合肥料和鸡粪等，这些肥料含有很多对植物生长有利的营养物质。

白天，阳光使空气变热，之后热空气被储存在大棚内，这样即使到了夜晚，番茄棚中的气温也会比外面高。

牵引线有助于番茄苗长高。

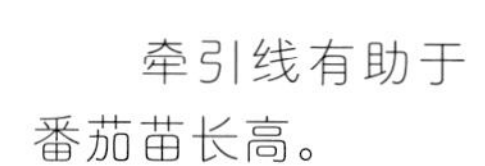

番茄苗不喜欢太过潮湿的环境，大量浇水不利于番茄的生长。

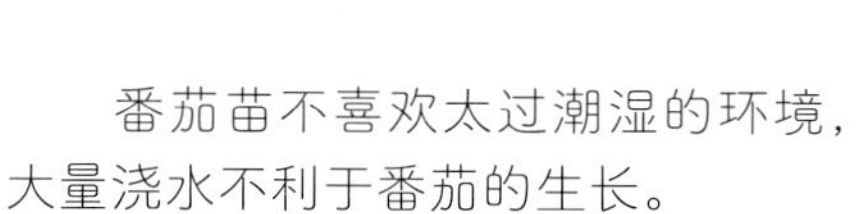

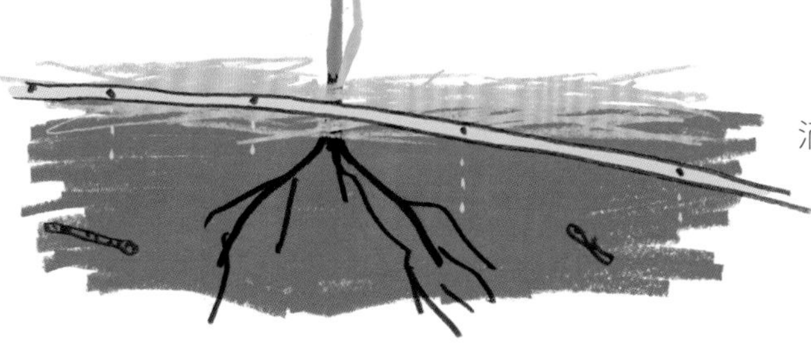

它们更喜欢滴灌[①]的方式。

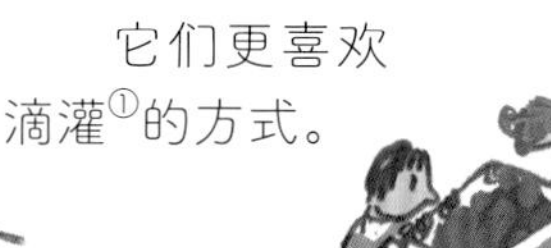

收获时，菜农用剪刀将番茄剪下来。番茄的收获期一般是 3 个月，根据气候情况会略有变化，但一般从六月到九月都是番茄的收获期。

收获的番茄会被运到农产品商店或集市上出售。

①滴灌：通过管道，将水分和养分一滴一滴、均匀又缓慢地滴入作物根部土壤的浇水方法。

温室大棚 番茄

每年二月，番茄幼苗被送到温室大棚里。

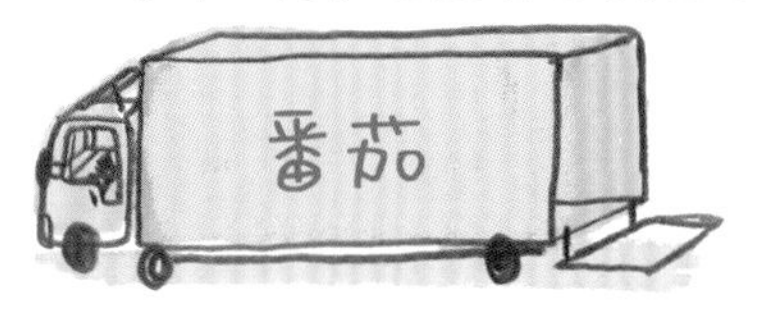

温室大棚专门培育的番茄苗，植株一般都比较高大。

收获期可以长达8个月。

因为温室大棚里没有自然风，所以需要熊蜂帮番茄花授粉。而这些熊蜂会被装在蜂箱里，运到温室大棚。

1只蜂王，150只左右雄蜂

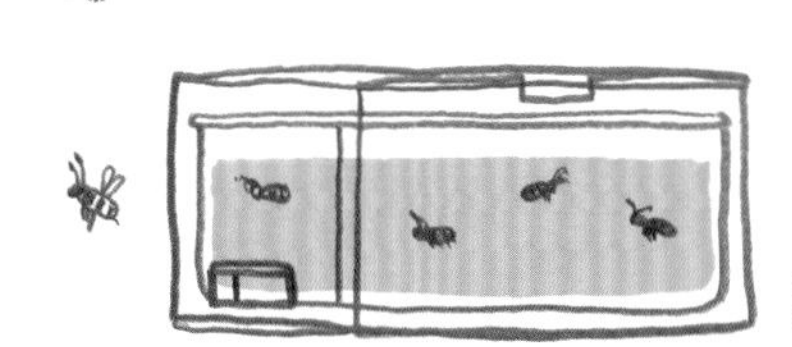

这里的番茄一般都生长在岩棉或椰子壳纤维中，而不是土里。

温室大棚中番茄的生长受寒冷气候的影响相对较小。因此，每年四月起，就可以采摘番茄了。

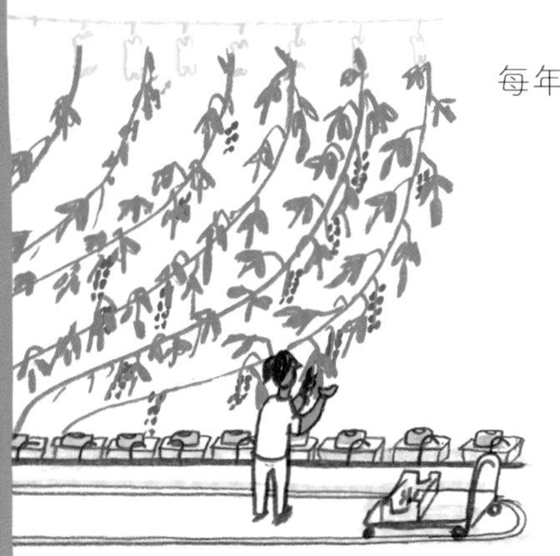

这里的番茄叶会被摘除掉。

番茄的生长速度很快，因此番茄攀爬架每周都需要调高一次，每次调整约10厘米。

番茄生长所需要的水分及养分的供给、大棚内的通风及加热等都是由电脑控制的。

当外面下雪时，温度变得很低，这时候就需要对温室大棚进行加热保温，以保证番茄的生长不受影响。

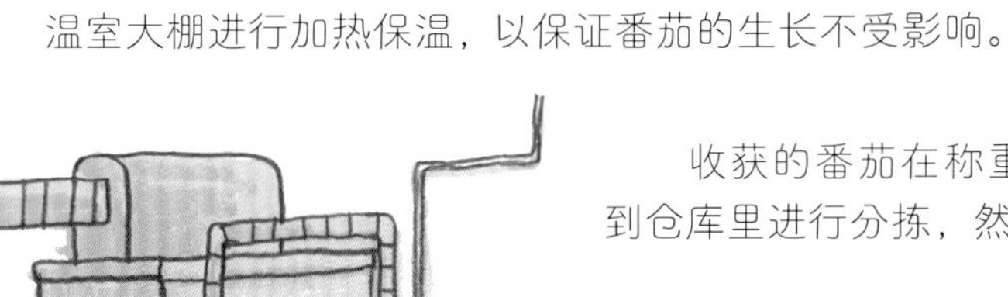

收获的番茄在称重后，会被运到仓库里进行分拣，然后装车运走。

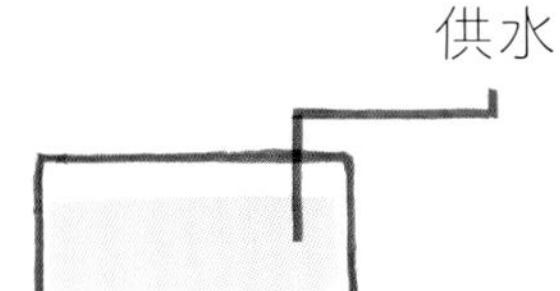

货车将番茄送往超市。

番茄酱、番茄汁、番茄膏等都是用番茄制作的。但是制作这些产品的番茄一般产自特定国家（常年气候较温暖），因为番茄在那些国家里就算在不带加温设备的大棚中也可以很好地生长，产量相对较高。

十一月，所有的番茄植株会被拔除，打扫干净的大棚进入空棚期。

第二年二月，新的番茄幼苗会被送进温室大棚。

我们的食物从哪里来

收集你周围的食物，仔细观察它们的外包装袋。

你会发现牛奶盒上面看不到挤奶工，装面包的袋子上也看不到烘焙工厂。由此可知，食品包装袋上的图案并不能告诉你它是从哪里来的。

不过，包装袋上还印着一些小小的字，比如数字和各种缩写字母，这些信息可以帮助你弄清食物是从哪里来的。

有趣的侦探工作就要开始啦！

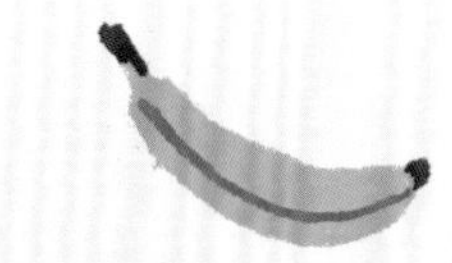

网站

食品工厂的网站上信息非常丰富，经常会有各种相关的图片、视频等。

你甚至可以从网站上了解到你买的番茄之前是生长在土里还是基质里。

地址

食品标签会说明食物的种类和原产国，还有一个具体产地地址。

看看你手里的苹果是坐了多久的车或飞机来的呢？

二维码

扫描包装袋上的二维码，就可以浏览产品相关的网页。

你买到的鱼是从水产养殖场里还是从大海里捕捞上来的呢？

试试可以看到装货港口的名字和渔船的名字吗？

标识

通过标签上的字母也可以了解奶、鱼、肉等食物的产地。

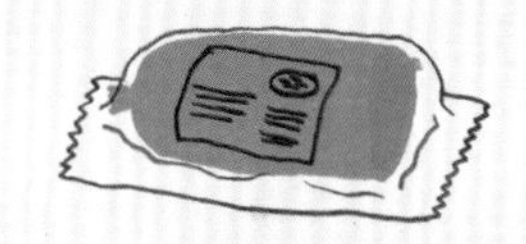

想要了解外包装上的字母都代表什么，可以在各大网站中搜索查看。

你能找出你买的牛奶和肉来自哪个农场吗？这些农场都在哪里呢？

如果有离你不算很远的食品工厂的话，你可以去参观一下。有的工厂会有开放日，甚至还会提供导游。

你找到了吗？

标签

这个面包包装袋上的标签并没有透露详细的信息，那你的面包袋子上呢？

有的农产品集市后面会有农场，大家可以去看看。

要想知道食物是从哪里来的，很多时候并不是一件容易的事。

当然，你也可以去参观一下家附近的烘焙坊。

如果想了解更多关于食物的知识，你也可以试着自己去种点儿可食用的植物。

比如在家中阳台的花盆里、学校提供的种植箱里、花园里等地方，体验种植、收获的乐趣。

希望你拥有好胃口！

致谢

感谢所有我为创作此书而参观过的工厂，感谢工厂里的工作人员愿意腾出时间带我参观，并为我讲解相关知识。

感谢普雷拉格先生带我参观鸡舍；

感谢维纳特夫妇带我参观苹果园；

感谢波尔牛奶厂；

感谢柏林潘科帕夫利克烘焙坊；

感谢穆瑟拉赫农场的阿尔托弗先生；

感谢“安南代尔号”的所有船员；

感谢罗迪斯莱本屠宰场让我有机会近距离观察四头猪被屠宰的完整过程；

感谢赫尔茨苹果园；

感谢布鲁恩先生带我参观他的番茄菜园；

感谢威尔汀女士帮助咨询、协调参观蛋鸡养殖场的相关事宜。

特别感谢上舒尔肖夫农场的韦伯先生为本书出谋划策，提供建议与支持。

感谢凯特琳与汉斯菲利普两位朋友。

本书作者：尤利娅·德于尔（完成了本书的调研、写作及插画工作）

德国插画师、童书作家，现居住在德国柏林。她喜欢用图画的形式向读者解释世界，经常为绘本、小说、杂志等创作插画。

为了创作本书《我们的食物从哪里来》，尤利娅·德于尔到访了德国很多农场和工厂，在速写本上画了许多插图，写下了满满的手稿，最终完成了这本内容丰富、画风可爱的作品。